新世纪学生必读书库

最新图说
兵器世界

ZUIXIN TUSHUO
BINGQI SHIJIE

（中）

吉林美术出版社

最新图说

兵器世界

ZUIXIN TUSHUO

BINGQI SHIJIE

美国"塔拉瓦"级两栖攻击舰

　　美国海军的"塔拉瓦"级军舰是一种具有攻击、运输和登陆指挥作战等综合性能的两栖作战攻击舰，它是为满足美海军舰船"均衡装载"的需要而设计研制的。该舰的诞生使美国海军的登陆作战能力有了稳步提升。

　　"塔拉瓦"级是世界上最大的综合性两栖舰。它是根据登陆作战中的"垂直包围理论"发展而来的新型登陆舰艇。它兼有直升机攻击舰、两栖船坞运输舰、登陆物资运输舰和两栖指挥舰等功能，可在任何战区快速运送登陆部队登陆，或作为攻击舰实施攻击，还可作为两栖指挥舰指挥陆、海、空三军协同作战。该舰建于20世纪70年代。

1 一专多能

由于这种舰体体现了"均衡装载"的设计概念，一艘"塔拉瓦"号能完成3艘～4艘一般登陆运输舰承担的任务，因此，该舰服役后，能提高舰队的"灵活反应"能力，可相应地减少在役运输舰只的数量，并可节省燃油。在登陆作战区域，这种舰还可作为医用船、支援船和水面维修船使用。

2 五角大楼的利器

由于这种舰将登陆兵及其装备（如直升机、登陆艇和各

"塔拉瓦"级两栖攻击舰的右舷是全通式飞行甲板，除了可运载飞机外，还可运载登陆艇、车辆和物资以及海军陆战队人员，为海军登陆作战提供了极大的便利。

种车辆）按比例装在一艘舰上，故可避免因一艘专用运输舰被击沉而丧夫登陆部队的作战能力。因此，美国海军声称今后将大力发展新型通用两栖攻击舰。

该级舰有 6 架 AV-8B 攻击机，2 座八联装"海麻雀"导弹发射架，2 门 127 毫米火炮，6 门 25 毫米自动火炮，2 座 20 毫米"火神"密集阵防空火炮，8 部雷达，4 艘效用登陆艇或 45 艘履带人员登陆艇。

美国"黄蜂"级两栖攻击舰

"黄蜂"级两栖攻击舰是美国海军建造的新一级多用途攻击舰，其主要任务是支援登陆作战和执行制海任务。该舰总体配置合理实用，综合武备能力有极大的提升，服役后已使美国海军的登陆作战能力明显提高。

美国最新型多用途两栖攻击舰非"黄蜂"两栖攻击舰莫属。首舰"黄蜂"号于1989年开始服役，可搭载6架~8架 AV-8B "鹞"式垂直起降战斗机和30架 CH-46 "海上骑士"重型直升机，5辆 M1 主战坦克，25辆装甲运兵车，4艘 LCAC 气垫登陆艇及80辆后勤车辆，可输送1 870名陆战队员。"黄蜂"级两栖攻击舰舰上武器有2座8联装"海麻雀"舰空导弹发射架，3座"密集阵"近防系统。该级舰还设有具有6个手术室、600张床位的医院。

"黄蜂"级两栖攻击舰可搭载42架CH-46直升机或6架AV-SB战机，难怪美国海军已经计划在它的基础上改建小型廉价航母。"黄蜂"级战功卓著，颇受美军重视。

1　技术特点

"黄蜂"级是在"塔拉瓦"级两栖攻击舰基础上发展而来，主要在降低上层建筑高度、增加机库和坞舱容量、增强三防能力、扩大医护能力和增设维修设施等方面作了不少改进。首先，总体配置合理实用，机库约为舰长的1/3，面积为1394平方米，可存放42架"海上骑士"直升机，飞行甲板可停放9架直升机。其次，综合武备能力增强，在武器方面，装备了"海麻雀"对空导弹，配置了多型飞机，能灵活有效地执行多种任务；在电子设备方面，装备了各种雷达、火控、电子战数据处理系统，并与卫星通信系统联用。再次，根据任务搭载装备，在登陆作战时，可载42架"海上骑士"直升机和6架"鹞"式飞机；在执行制海任务时，载20架"鹞"式飞机和6架SH-60B"海鹰"直升机等。还有，医疗设施齐全优良，包括1个600张病床的医院、6个手术室、4个牙科治疗室、1个X射线室、1个血库和几个化验室等。

"黄蜂"级是目前世界上两栖舰艇中吨位最大、搭载直升机最多的舰艇。

俄罗斯"台风"级核潜艇

"台风"级核潜艇是苏联在 20 世纪 70 年代后期为了充实战略核力量而发展起来的，是苏联的第四代弹道导弹核潜艇。它是世界上最大的一级核潜艇，并有着"水下巨无霸"的美誉。

"台风"级核潜艇是目前世界上最大的潜艇，作为潜艇家族中的巨无霸，它的排水量几乎是美国"洛杉矶"级核潜艇的 3 倍。作为俄罗斯海洋核力量的代言人，"台风"级汇集了苏联海军各型潜艇的优点，为各国海洋部队所重视。

1 巧妙的设计

"台风"级的设计耗费了设计师们很多时间，20 具导弹发射管置于帆罩前方，帆罩则位于艇身中段稍后。采用这种设计之前，如果潜艇在极短的时间内射出重达 20 吨的弹药，会严重地影响艇体平衡，而这种设计避免了以上状况的发生。"台风"级发射导弹的时间相当短，可在 15 秒内连续发射两枚 SSN-20 潜射弹道导弹。

2 "深海狂鲨"

"台风"级采用双艇体结构，两个耐压艇体并列在非耐压艇体内，每个耐压艇体的直径为 8.5 米 ~9 米，这种结构大大增强了潜艇抗破坏性。独特的结构配合"台风"级浑圆的舰

体，使得这种潜艇具有了撞碎 3 米厚冰层的破冰能力，而北极也成为"台风"级活动的天堂。

3 人性化的设计

在"台风"级核潜艇上服役的每位士兵都拥有 2 平方米的起居空间。在执勤 4 个小时后，士兵们可以去艇上的游泳池、桑拿室休息。此外，"台风"级的伙食也是俄罗斯潜艇中最好的，每日 4 餐中都少不了鱼子酱、巧克力等。"台风"级被称为俄罗斯海军的"保姆"。

4 良好的机动性

"台风"级核潜艇装备大功率长寿命核反应堆，使潜艇拥有 30 节航速，这大大增强了"台风"级核潜艇的机动能力，艇虽大，但活动能力丝毫不受影响，可以连续航行 12 年而不用更换新的核燃料。

俄罗斯"基洛"级攻击潜艇

"基洛"级是目前俄罗斯出口量最大的潜艇级别。它以火力强大、噪音小而闻名。"基洛"级攻击潜艇外形设计独特，呈水滴形外观，双壳体结构，并采用良好的隔音材料，西方人曾称该舰艇为海洋中的"黑洞"。

"基洛"级又称"K"级，首艇于 1981 年服役。"基洛"级的水声设备以及武器装备系统等方面都足以和西方同类潜艇相媲美。"基洛"级原型编号为 877 型，发展型有 636 型和 636M 型。

1 深海噩梦

"基洛"级潜艇采用光滑水滴形线型艇体，经过精密计算设计出了该艇的最佳降噪形态。潜艇外壳嵌满了塑胶消音瓦，不但能吸收本艇噪音，还可以减少对方主动声呐的声波反射。"基洛"级潜艇的噪音降到了 118 分贝。

在"基洛"级潜艇的艇体上覆盖着厚厚的一层块状橡胶体结构，它不但能抑制吸收艇体的自噪声和辐射噪声，还能阻止敌人主动声呐的探测，使得潜艇水下的辐射噪声进一步降低。"基洛"级是世界上最早采用消声瓦技术的潜艇之一，而目前世界上的先进潜艇都已采用了这种技术。"基洛"级成为大洋中的"黑洞",亦成为北约军方难以逾越的深海噩梦。

2 "海上屠夫"

"基洛"级主要作战用途为反潜和反水面舰艇,也可执行一般性侦察和巡逻任务。该型潜艇被认为是世界上最安静的一种柴油机动力潜艇。"基洛"级潜艇发现敌方潜艇的距离是敌方发现该级潜艇的 3 倍～4 倍。"基洛"级被誉为"海上屠夫"。

美国"洛杉矶"级核潜艇

　　"洛杉矶"级是美国海军第五代攻击核潜艇，同时也是世界上建造批量最大的一级核潜艇，具备优良的综合性能，可承担反潜、反舰、对陆攻击等重要任务，并在之后的建造过程中，性能得到进一步提升。

　　"洛杉矶"级核潜艇性能良好，作战能力强，是一种多功能、多用途的潜艇。

自从 1955 年美国海军拥有第一艘核潜艇以来，美国海军就一直想方设法要在核潜艇质量上超过苏联海军，在这种思想的指导下，美国海军在 20 世纪 70 年代开始建造"洛杉矶"级核动力攻击潜艇。"洛杉矶"级是美国海军第五代攻击核潜艇，共建 62 艘，是当今美国海军潜艇部队的中坚力量，也是世界上建造最多的一级核潜艇。

"洛杉矶"级是一种多功能、多用途的潜艇，它可以执行包括反潜、反舰、为航空母舰特混舰队护航、巡逻和对陆上目标进行袭击等多种作战任务。

1 杀手本色

该级艇外形细长，有较长的平行舯体，指挥台围壳高大并靠近艏部，艇尾为纺锤形。为了降低噪音，该艇从艇体外形到机械设备均采取了相应的降噪措施，并从 SSN-751 号艇开始加装消声瓦，目前仍在安静性能方面进行改进。

冷战时期，"洛杉矶"级主要使命就是猎杀苏联的核潜艇。苏联解体后，来自水下的威胁减少，美国转向了应付地区冲突，"战斧"导弹的出现给"洛杉矶"级带来了机遇，人们在艇身上加装了 12 个垂直导弹发射筒。这些发射筒安装在潜艇的压载水舱中，不占用艇体内部空间，从而避免了因增加武

器而造成的拥挤现象。

2　鳄鱼之齿

目前，美海军水面舰艇常用兵器为 MK114 "阿斯洛克"反潜导弹。这种武器能用运载导弹或火箭携带深水炸弹或鱼雷攻击潜艇。美国的"阿斯洛克"反潜导弹由 MK46 的自导鱼雷和外挂式火箭发动机组成，其射程为 1.25 海里 ~6.2 海里。

美国"海狼"级核潜艇

"海狼"级是美国研制的一级多用途攻击核潜艇，美国不惜代价地将其打造成具有绝对领先性能和非同寻常的作战威力的海上武器，用以争夺全球霸主的地位。但这一超级核潜艇是否真的发挥了巨大的威力呢？

"海狼"级核动力攻击潜艇是冷战时期的产物，它航速快，噪声小，隐蔽性好，武器装备精良，指挥自动化水平高，

性能非常优越，是世界上装备武器最多的一级多用途攻击型核潜艇。"海狼"使命是反潜、反舰，为美国海上水面舰艇编队和弹道导弹核潜艇护航，也可以运送特种部队来攻击陆上目标。

1 北极海狼群

"海狼"级采用水滴形艇体，接近最佳长宽比，阻力较小，有利于提高航速；采用"木"字形艉舵，操纵性好；艏部的橡胶声呐罩改成了钢罩，防止声呐受冰层的破坏，提高了破冰能力。

"海狼"还配有先进的电子设备，水下探测能力强。导航系统有专为攻击型核潜艇研制的陀螺导航仪、无线电导航系统等。它采用了新的潜艇结构，为改进声呐布置提供了有利条件。"海狼"级成为世界上攻击能力最强的潜艇之一。

2 幽灵"海狼"

美国多年以来所获得的降噪技术在"海狼"身上全有体现。它的核反应堆装置经过了严格降噪设计，在艇壳外表面敷设了7.2万块消声瓦，使艇的辐射噪声比以前降低了50分贝。除降低噪声外，它还采取了消磁、减少红外特性等一系列隐形措施，因而"海狼"成为隐形潜艇中的范本之作。

3　用钱砌成的"杀人魔"

　　美国的"海狼"级核动力攻击潜艇应该是世界上最昂贵的潜艇，平均每艘耗资 28 亿美元，但后来因实在太昂贵了，1995 年美国国会决定终止该计划，最后只批准建造 3 艘。最终，"海狼"级攻击核潜艇的总造价高达近 80 亿美元。

美国"俄亥俄"级战略核潜艇

美国"俄亥俄"级战略核潜艇有着"当代潜艇之王"的美誉。就其整体性能而言，它当之无愧地成为了当今世界上最先进的战略核潜艇。其结构设计与众不同，堪称当代潜艇的典范之作。

"俄亥俄"级战略核潜艇是美国的第四代弹道导弹核潜艇。该级潜艇隐蔽性好、生存力强、攻击威力大，它一次下潜，可连续在水下航行几个月不用上浮，可悄悄接近敌人的领海或近海海域，携载的导弹射程达到 10 000 千米以上，可以进行全球攻击。

"俄亥俄"级是世界上最先进的战略核潜艇，它优异的性能和所携载的威力巨大的弹道导弹，被称为"深海虎王"。

1 "画皮"神效

美海军太平洋舰队的"密歇根"号核潜艇是"俄亥俄"级弹道导弹核潜艇进行装备改装后的产物。改装后的潜艇成为多用途导弹核潜艇,可作为具备隐身能力的巡航导弹载体,并可搭载特种部队应付地区冲突等突发事件。

2 难逢敌手

"俄亥俄"是世界上单艘装载弹道导弹数量最多的核潜艇。它携带24枚三叉戟Ⅰ型或三叉戟Ⅱ型导弹,射程达1.1万千米,其威力足以摧毁一座大城市。三叉戟导弹可以从全球任何一片海域射向全球任何一个目标。

3 卧薪尝胆

"俄亥俄"级的出航时间一般在70天,之后只需重返基地保养25天便可再次出航。每一艘潜艇都有蓝组和金组两组船员,轮流当班,当一组出海巡航时,另一组便在陆上享受假期,并为下一次出海作准备。"俄亥俄"级核潜艇平时的任务就是隐藏自己,既不会用来封闭敌方航道,也不会去执行反潜任务，它只是卧薪尝胆以求最后的致命一击。

4 虎王神威

时移势易，随着战争形态的变化，美军日趋需要由海对岸攻击能力。于是4艘"俄亥俄"级核潜艇被削减改装为能发射154枚"战斧"导弹的巡航导弹核潜艇，并具有搭载"海豹突击队"特种运载舱执行渗透任务的能力。

美国"弗吉尼亚"级核潜艇

"弗吉尼亚"级核潜艇是美国海军建造的一级多用途攻击型核潜艇，它保留了远洋反潜能力，并成为美国海军21世纪近海作战的主要军事力量。该级核潜艇将以强大的作战能力向世界展示其神威。

作为美国海军在建的最新一级多用途攻击型核潜艇，"弗吉尼亚"级体现出21世纪潜艇作战的新特点，具有用途广、

隐形性能好、作战能力强等许多优点。它将替换即将退役的"洛杉矶"级攻击型核潜艇，成为美国海军21世纪近海作战的主要力量。

"弗吉尼亚"级核潜艇具有强大的反潜、反舰、远程侦察、执行特种作战的能力，它还可以用新型"战斧"巡航导弹精确打击陆上目标。采用自动导航控制设备的"弗吉尼亚"级核潜艇的近海作战能力尤其突出。

1 近海争锋

"弗吉尼亚"级核潜艇的作战任务与以往的快速攻击型核潜艇有明显的不同，它强调的是近海作战，而不是深海巡逻能力，它更加注重打击近海的敌对目标，主要是在海岸与大陆架外缘之间的区域活动。为了适应近海作战，"弗吉尼亚"级核潜艇装备了一系列收集情报用的电子探测装置，还装备有可发射"战斧"巡航导弹的攻击系统。

2　海上"爱因斯坦"

　　"弗吉尼亚"级潜艇拥有世界最先进的声呐系统。光纤传感器取代老式潜望镜，能将周边环境图像传送到指挥舱的电脑屏幕上。它的噪音仅为当今潜艇标准的 1/10。1 艘"弗吉尼亚"级核潜艇的计算能力超过 65 艘"海狼"级潜艇的计算能力总和；该潜艇采用了最新型的电子海图，不仅可以标出水下目标的方位或方向，而且可计算到水下目标的距离。"弗吉尼亚"级拥有无人可及的智能操作系统。

3　笑傲近海

　　新时期以来，爆发大规模海战的危险降低，而近岸浅水海域成为美国海军无法回避的挑战。在这样的近海作战中，那些大型而昂贵的海上舰艇等根本发挥不了作用，只有使用灵活机动的"近岸战舰"和"近海潜艇"，才能获得制海权。"弗吉尼亚"级便应运而生。

战机
ZHANJI ▶▶▶

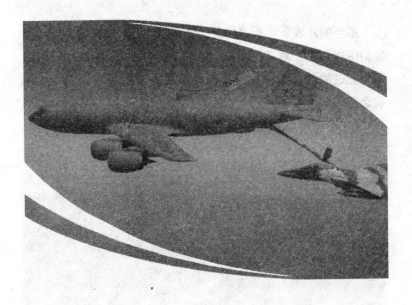

　　笑傲蓝天的空中勇士，翱翔云空的万里飞鹰……在湛蓝色的天空中，空中健儿们纵横捭阖，挥洒自如。空军是一个国家立体国防的重要组成力量。著名军事家杜黑说过，谁拥有了蓝天，谁就能拥有未来的世界。让我们在本书的介绍中，一起去追寻铁翼战机的光荣之旅，一起去实现翱翔蓝天的儿时梦想。

美国 SR-71"黑鸟"侦察机

　　黑色的外表、修长的机身、怪异的外形共同构成了仿佛在梦幻中翱翔的"黑鸟"。迄今为止，"黑鸟"仍是世界范围内最为先进的侦察机，并因其自身超强的性能成为了"一代谍机之王"。

　　由美国洛克希德公司为美国空军研制生产的 SR-71 型"黑鸟"高空侦察机，目前仍是世界上性能最先进的战略侦察机。

1 "黑鸟"升空

"臭鼬鼠"工厂1960年又设计出一种用以取代U-2侦察机的新型SR-71"黑鸟"侦察机，历经4年制造成功。SR-71的机翼非常薄，呈三角形，连续飞行时间可达15小时。SR-71"黑鸟"装备了最现代化的高空侦察设备。每次拍摄宽度约48千米，每小时可侦察15万平方千米。

2 重新启用

"黑鸟"从1966年7月1日投入使用以来，飞遍了世界许多地方还未被击落过。60年代以后，随着侦察卫星的出现，"黑鸟"便退居到次要地位。1990年初曾被迫停飞。1995年初，"黑鸟"在停飞5年后，重新又被启用，理由是这种侦察机的性能到目前为止还没有新的机种可以与之相比。

3 "黑鸟"魔力

SR-71高空侦察机装有2台涡喷发动机，单台最大推力11 016千克，总推力为22 032 千克。主要机载设备有 KA-95B 侦察照相机，红外与电子探测设备，AN/APQ-73 合成孔径雷达。

　　SR-71 是第一种成功突破热障的实用型喷气式飞机。机身采用低重量、高强度的钛合金作为结构材料；SR-71 在高速飞行时，机体长度会因为热胀伸长 30 多厘米；油箱管道设计巧妙，采用了弹性的箱体，并利用油料的流动来带走高温部位的热量，而事实上，SR-71 起飞时一般只带少量油料，在爬高到巡航高度后再由加油机进行空中加油。

美国"全球鹰"无人机

"全球鹰"无人机是专为美国空军制造的军事战略飞机，至今，它仍是美国空军乃至全世界最先进的无人机型号。它独有的持续、实时的监视能力为美国空军提供了强大的作战支持。

"全球鹰"无人机是美国诺斯罗普·格鲁曼公司研制的高空高速无人侦察机。"全球鹰"相貌不凡，看起来很像一头虎鲸，它身体庞大、双翼直挺，翼展超过波音 747 飞机，球状机头将直径达 1.2 米的雷达天线隐藏了起来。"全球鹰"机载燃料超过 7 吨，最大航程达 25 945 千米，自主飞行时间长达 41 小时，可以完成跨洲际飞行，可在距发射区 5 500 千米的目标区域上空停留 24 小时进行连续侦察监视（U-2 侦察机在目标上空仅能停留 10 小时）。"全球鹰"飞行控制系统采用 GPS 全球定位系统和惯性导航系统，可自动完成从起飞到着陆的整个飞行过程。

1 鹰"击"长空

2001 年 4 月 22 日凌晨，一架"全球鹰"从美国加利福尼亚空军基地起飞，经过 22.5 个小时连续飞行，总行程达 12 000千米（相当于绕地球 1/4 周），降落在澳大利亚阿莱德附近的艾钦瓦勒皇家空军基地，成为世界上第一架成功飞越太平洋的无人驾驶飞机。在飞行途中还试验了与机上传感器的海上工作方式，并试验了澳方联合研制的图像发送装置。

2 功勋卓著

"全球鹰"有"大气层侦察卫星"之称，机上装有光电、高分辨率红外传感系统、CCD 数字摄像机和合成孔径雷达。光电传感器重 100 千克，工作在 0.4 微米 ~ 0.8 微米的可见光波段；红外传感器工作在 3.6 微米 ~ 5.0 微米的中波段红外波段；合成孔径雷达重 290 千克，工作在 X 波段。"全球鹰"能在 2 万米高空穿透云雨等障碍连续监视运动目标，准确识别地面各种飞机、导弹和车辆的类型，甚至能清晰分辨出汽车轮胎的齿轮；对于以每小时 20 千米到 200 千米速度行驶的地面移动目标，可精确到 7 米。

3 全球监控

"全球鹰"一天之内可以对约 13.7 万平方千米的区域进行侦察，它经过改装可持续飞行 6 个月，只需 1 架 ~ 2 架即可

监控某个国家，最终达到监控全世界的目的。

4 小试牛刀

"全球鹰"于1994年开始研制，发1998年3月样机试飞，2001年春天才通过了系统设计，11月就匆匆投入了对塔利班的军事打击行动。在阿富汗战争中，"全球鹰"无人机执行了50多次作战任务，累计飞行1 000小时，提供了15 000多张敌军目标情报、监视和侦察图像，还为低空飞行的"捕食者"无人机指示目标。

伊拉克战争打响后，"全球鹰"再次出征。战争中，美军只使用了2架"全球鹰"无人机，却担负了452次情报、监视与侦察行动，为美军提供了可靠的战场数据。在伊拉克战争期间，"全球鹰"执行了15次飞行任务，提供了4 800幅图像。美空军利用"全球鹰"提供的目标图像情报，摧毁了伊拉克13个地空导弹连、50个地空导弹发射器、70辆地空导弹运输车、300个地空导弹箱和300辆坦克。

美国 E-2 预警机

现代战争中，防空的意义越来越重大。美国自 E-2 预警飞机问世以来不断改进发展，以适应日益复杂的战斗环境，满足战场的要求。

美国 E-2 预警机是美国诺斯罗普·格鲁曼飞机制造厂为美国海军舰队设计的空中预警机，是美国海军航母编队的耳目。E-2 预警机主要执行搜索、指挥及管制舰载飞机的工作，用以保护航空母舰战斗群。

1 装备情况

该型飞机于 1965 年初期开始服役，在越南战争中首次露面。美国海军有 12 艘现役航空母舰，其中的任何一艘皆有 1 个 5 架 E-2C 预警机中队，目前美国海军总计有 18 个 E-2C 中队。

2 主要型号

E-2A 在 1960 年 4 月初次试飞，1965 年开始正式服役，1967 年停产。总计生产 62 架，其中 51 架换装为 E-2B。

E-2B 是 E-2A 的换装型号。换装的部分包括比较新的电脑，并增加系统的可靠性及加大机尾的 2 个垂直舵。46 架 E-2A 型换装完成于 1971 年 12 月。

E-2C 在 1971 年 1 月初次试飞，1973 年 12 月开始服役。美国海军总计订购了 166 架，1971 年开始产生，1996 年全部交货。

3 高空鹰眼

E-2C 是为美国海军设计的全天候飞机，在二三万米的高空可以搜索、追踪及管制 200 千米半径以内的空域及水面上的飞机。它的电子仪器可以同时追踪 2 000 个以上的目标及管制 40 个目标的拦截工作。E-2C 预警机具备极强的指挥与预警能力，是目前美国海军装备的主要预警机种。

　　E-2 预警机可用于舰队防空和空战导引指挥，也可用于执行陆地空中预警任务。

美国 E-3 "望楼" 预警机

E-3 预警机是美国研制的全天候远程空中预警和控制飞机，是在波音 707-320B 型民航机的基础上更换发动机，加装旋转天线罩与电子设备而制的，绰号"望楼"。

E-3 "望楼" 预警机是美国波音公司在波音 707 民航机的基础上改装的第三代预警机，是目前世界上技术最复杂、性能最好的预警机。

1 E-3 数据

E-3 的研制始于 1975 年，1977 年 3 月，美第 552 空中预警控制中队接受了首架 E-3 预警机。E-3 的主要型别有 E-3A、B、C、D 四种。

2 灵活多变

E-3 在战场上生存率较高。其飞行路径可根据任务和生存需求迅速改变。E-3 在空中巡航执勤的时间约为 8 小时，通过空中加油还可大大地延长。

3 空中猎犬

E-3 机背上的雷达罩直径 9.1 米，厚 1.8 米，用两个支柱支撑在离机身 3.3 米高处。对低空飞行目标，其探测距离达320 千米以上，对中空、高空目标探测距离更远。E-3 能将收集到的战场信息适时地传送给不同的部队，这些信息包括敌机敌舰和友机友舰的位置和航向等。当情况紧急时，如发生核袭击，这些信息还可以直接被送往美国本土的最高军事战略指挥机关。

4 改进计划

第一阶段（1981 年～1989 年初）主要集中在使机载监视雷达具有海上监视能力。将 E-3A 改成 E-3B/C，E-3B 采用改型的 AN/APY-1 雷达，增加了部分海情的海上监视能力；E-3C 采用 AN/APY-2 雷达，具有在任何海情下监视目标的能力。

第二阶段（1989 年～2003 年）主要提高机载雷达探测小目标和追踪目标的能力。根据雷达系统改进计划，改进后的雷达对巡航导弹的距离可提高到 370 千米～463 千米。此外，还提高了电子战支援系统的探测精度和灵敏度，并增强抗干扰性能和扩大可使用的信息种类，而且改进了计算机，提高了导航精度。

澳大利亚"楔尾"预警机

澳大利亚军方一致认为需要发展预警机，但在需要怎样的预警机上却存在分歧，最后，经过严格的论证与选择，波音公司的 E-737"楔尾"预警机成为最佳候选者。

波音 737 空中预警机控制系统风险低，作战效能优越，受

到许多国家的青睐。该机可载 10 套高尖端系统控制平台，目前北约许多国家已在考虑使用该型预警机。

1 澳洲上空的鹰

2005 年 3 月 2 日波音公司表示：为澳大利亚制造的"楔尾"机载预警机将于 3 月 15 日在阿瓦朗航展上亮相。

澳大利亚前后两次订购了 6 架波音公司研制的波音 737"楔尾"预警机。"楔尾"预警机以波音 737 商用运输机为平台，选用了诺斯罗普·格鲁曼公司的多功能电子扫描阵列雷达。

2 测试成功

计划 2006 年交付使用的"楔尾"预警机，其中首架飞机已于 2004 年完成首飞测试。另外 4 架"楔尾"已在澳大利亚完成改型工作，并计划于 2008 年交付使用。

3 性能先进

虽然"楔尾"预警机是由波音 737 飞机改造而成，但"楔尾"预警机性能先进，采用了美国老牌军工企业诺斯罗普·格鲁曼公司的多功能电子扫描阵列雷达为主要设备，大大

　　提高了该机的预警能力。目前，"楔尾"预警机已完全能够胜任澳大利亚的空中预警任务，使澳大利亚的防空能力得到加强。

俄罗斯 图-22M"逆火"轰炸机

图-22M 既可以进行战略核轰炸，又可以进行战术轰炸，尤其是能携带大威力反舰导弹，远距离快速奔袭，攻击敌方的航空母舰编队。因此图-22M 曾经是美苏之间裁军谈判的主要焦点之一。

图-22M 轰炸机是由图波列夫设计局研制的可变后掠翼超音速轰炸机，绰号"逆火"。第一架原型机于 1970 年开始试飞，随后又制造了 12 架预生产型，从 1973 年开始用于飞行试

验、系统试验、静力试验，并作为武器平台进行评价。图-22M 生产型于 1974 年交付军队使用，1975 年初，远程航空兵已组成两个图-22M 中队。图-22M 有三种型别："逆火"A（图-22M1）初始型、"逆火"B（图-22M2）生产型、"逆火"C（图-22M3）先进远程轰炸及海上型。

1 机载设备

"逆火"装备了具有陆上和海上下视能力的远距探测雷达、轰炸导航雷达、SRZ0-2 敌我识别器、"警笛"3 全面警戒雷达、机炮用火控雷达、多普勒导航和计算系统及仪表着陆系统等。

2 动力装置

图-22M"逆火"轰炸机装备了两台 NK-144 涡扇发动机，单台最大加力推力 196 千牛。"逆火"C 配有两台 NK-321 涡扇发动机，单台加力推力 222.6 千牛。

俄罗斯图-95 战略轰炸机

从苏联空军开始到现在的俄罗斯空军，机种机型已经更换了不少，唯有轰炸机仍使用图-95，是因为图-95稍微修改便可做不同用途，可以作为运输机、轰炸机、侦察机，甚至是军用客机。

图-95战略轰炸机是一种远程战略轰炸机，它是1951年苏联图波列夫飞机设计局研制的，也是苏联研制出的第一种能够穿越北极飞到美洲进行战略核轰炸的轰炸机。

图-95采用后掠机翼，独特的结构使图-95成为最大、最快的涡桨大型飞机。

1 功能全面

这种轰炸机不仅能执行战略攻击任务，还可应用于照相、电子侦察、海上巡逻及反潜等任务，在 1993 年全世界仍有约 230 架图-95 轰炸机在服役，其中俄罗斯拥有 170 架左右。

2 超凡实力

俄罗斯图-95 战略轰炸机装有 4 台 NK-12MB 涡桨发动机，最大速度为 925 千米/小时，乘员最多 11 人，装备有 PBI 16 型轰炸瞄准雷达、光学瞄准具、自动驾驶仪和电子侦察照相设备，这些侦察设备可以把侦察到的地面情况直传回 250 千米之外的指挥所。其配备武器包括：装在机尾炮塔内的两门机炮、机身后上方的 1 门航炮或者两门 23 毫米机炮，位于机身中段下部的弹舱可以装 15 吨～25 吨炸弹。而在改装后，图-95 甚至可以装备 1 枚～12 枚空对地远程巡航核导弹。此外，图-95 战略轰炸机具有穿越北极攻击美国本土军事基地和设施的能力，在冷战高峰时期曾经常飞越白令海峡，紧贴着阿拉斯加空域飞行，试探美国战斗机的反应能力。

俄罗斯图-160 战略轰炸机

图-160 是苏联图波列夫设计局设计的四发变后掠翼多用途远程战略轰炸机，用于替换米亚-4 和图-95 执行战略突防轰炸任务。"海盗旗"是西方给予该机的绰号。

图-160 既能在高空、超音速的情况下作战，发射具有火力圈外攻击能力的巡航导弹，又可以亚音速低空突防，用核炸弹或导弹攻击重要目标，还可以进行防空压制，发射短距离攻击导弹。它是目前世界上最大的轰炸机之一。

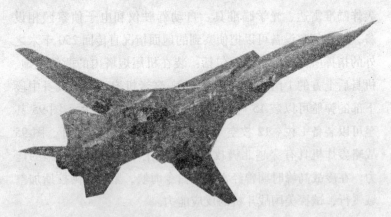

图-160 采用了电传操纵系统，飞行员使用操纵杆控制飞行，其他许多大型飞机上都采用方向盘。

1 优劣互存

图-160 战略轰炸机的主要特点为：装备大量电子设备，但占用机内空间较大；能在防空火力圈外发射空地导弹，突防能力强；由于飞机本身比较笨重，使自身的生存力受到较大威胁，因此一般需战斗机护航支援。图-160 战略轰炸机装有 4 台 NK-144 改进型涡扇喷气发动机，单台最大推力 13 620 千克。还装有攻击雷达，地形跟踪雷达及装在垂尾与后机身交接处的尾部预警雷达。前机身下部装有录像设备，以辅助武器瞄准。两个 10 米长的弹仓各有一个旋转式发射架，可带 12 枚 AS-16 短距攻击导弹或 6 枚 AS-15 空中发射巡航导弹。

美国 B-52 "超级同温层堡垒" 轰炸机

B-52 "同温层堡垒" 是美国波音飞机公司研制的八发远程战略轰炸机，用于替换 B-29 轰炸机执行战略轰炸任务。B-52 是目前美国战略轰炸机当中可以发射巡航导弹的唯一机种。

B-52 绰号为 "同温层堡垒"。它由美国波音公司研制完成。自 1955 年起，B-52 就开始在美国空军服役，是服役时间最长的远程战略轰炸机。

1 "堡垒" 数据

B-52 飞机总起飞重量为 221.35 吨，机内燃油重量约 135

吨，可载 27 吨，是迄今为止美国载弹量最多的轰炸机。B-52 的最大飞行速度 1 010 千米/小时，实用升限 16 800 米，最大燃油航程 16 100 千米（不进行空中加油）。

B-52 具有超远距离航程和巨大的载弹量，而且非常坚固耐用。

2 高手作战

海湾战争中，B-52 轰炸机向伊拉克军队投了大量炸弹，总投弹量在 25 700 吨以上，它不但消灭了大量伊拉克军队，而且对伊军造成极大的心理影响。

美国 B-2 隐形轰炸机

B-2 隐形轰炸机是冷战时期的产物，1981 年开始制造原型机，1989 年原型机试飞。后来美军对计划进行了修改，使 B-2 隐形轰炸机兼有高低空突防能力，能执行核轰炸及常规轰炸的双重任务。

B-2 隐形轰炸机由美国格鲁曼公司研制成功，也是目前世界上唯一的一种大型隐形飞机。装备 B-2 轰炸机的第一支部队

是美国空军第 509 轰炸机联队的第 393 中队。

1 隐形高手

B-2 隐形战略轰炸机拥有奇特的外形。它省去了传统作战飞机所具有的机身和机翼，甚至连普通飞机必须具备的垂直尾翼也没有。B-2 轰炸机像一只巨大的、后缘呈锯齿状的怪物。这种形状的飞机，如果没有极其先进的控制系统，是根本无法驾驶的。

2 "邪恶"战士

B-2 轰炸机完全不需要空中加油，作战航程就可达 12 000 千米，空中加油一次甚至可达到 18 000 千米。每次执行任务的空中飞行时间一般不少于 10 小时，这样，这位空中战士便将世界纳入其控制版图之下了。

3 闪电突袭

B-2 轰炸机因具备隐身能力，其生存能力是极强的。从数据上来看，B-52 隐形轰炸机的雷达反射截面为 1 000 平方米，米格-29 为 25 平方米，B-1B 为不足 1 平方米，而 B-2 轰炸机只有不到 0.1 平方米，仅仅相当于天空中的一只飞鸟的雷达反射截面积。B-2 轰炸机绝对是空中杀手级轰炸机。

4 恐怖轰炸

B-2 轰炸机除了有隐身本领之外，它还具有强大的轰炸突击能力。当 B-2 轰炸机被用来进行核攻击时，它可以挂载 8 枚巡航导弹和 8 枚核炸弹，这些武器可以使数座城市在极短时间内覆亡。

美国 B-1B"枪骑兵"轰炸机

B-1B 是一种远程、多用途、可变后掠翼超音速战略轰炸机。B-1B 轰炸机主要用于执行战略突防轰炸、常规轰炸、海上巡逻等任务，也可作为巡航导弹载机使用，受到各国的青睐。

B-1B 可以执行洲际战略轰炸任务。美国人将 B-1B 称之为"枪骑兵"。

B-1B "枪骑兵" 由洛克威尔公司研制而成。在战略轰炸机家族中，B-1B 在航速、航程、有效载荷和爬升性能等各种技术指标上都处于领先地位。

1 "骑兵" 之剑

在爱德华兹空军基地进行的 20 秒投弹轰炸试验中，1 架 B-1B 同时发射了 1 枚 MK-84 炸弹、3 枚 MK-82 炸弹和 4 枚 CBU-89 集束炸弹，分别击中了 3 000 米以外的 3 组目标。这通常要求飞机进行 3 次轰炸，或 3 架飞机协同攻击。

2 "闪电骑士"

20 世纪 60 年代以来 "高空高速突防" 的战术已过时，目前有些中长程防空导弹甚至达到 2 至 3 倍音速，而高速歼击机的普及也使喷气式轰炸机再难以实现高空高速突防的战术任务。

3 王牌轰炸

1998 年 12 月，在美英对伊拉克实施第二轮的军事打击中，B-1B 战略轰炸机首次在实战中露面，成为美军王牌轰炸机。

　　而在阿富汗战争中，美军曾从迭戈加西亚空军基地出动8架 B-1B 战略轰炸机，猛烈空袭塔利班武装。在整个阿富汗战争期间，B-1B 承担了美军40％的投弹任务。

　　2003 年在伊拉克战争中，美国空军动用 11 架 B—1B 战略轰炸机，对伊拉克境内目标实施狂轰滥炸，甚至对萨达姆展开空中追杀行动。

中国轰-7"飞豹"战斗轰炸机

轰-7"飞豹"战斗机的对外名称为FBC-1，1999年10月1日，6架"飞豹"战斗机在天安门广场参加了国庆阅兵，为我国航空事业增添了一抹亮丽的色彩。

1 飞豹神威

轰-7"飞豹"是我国于20世纪80年代开始自行设计研制的中型战斗轰炸机，该机由中国西安飞机工业公司负责研制。该机机长22.32米，翼展12.7米，最大平飞速度2 080.8千米/小时，作战半径1 650千米，采用2台WS-9（斯贝MK-202）发动机，机载23毫米双联机炮，9个外挂点，携带多种空对空导弹。

2　如虎添翼

轰-7"飞豹"担负着远海作战目标的使命，轰-7"飞豹"的出现，使中国海军攻击力量迅速增强，成为远东地区一支强大的海面作战部队。

3　先进系统

飞控系统：1套KF-1型三轴增稳数模混合自动飞行控制系统，1台8415型数字式大气数据计算机的1套HZX-1B型航向姿态指示系统，1套安全高度预警系统。

火控系统：1部JL-10A型神鹰脉冲多普勒火控雷达，1台HK-13-03G型平视显示器，1套舰空导弹火控系统，2台多功能单色液晶显示器，1台多功能彩色下视显示器，1台头盔型瞄准器，1台数字式任务计算机，1套1553B综合数据总线系统。

导航系统：1套HG-563GB型惯性/GPS组合式导航系统，1套210型多普勒导航系统，1部WL-7型无线电罗盘，1台271型雷达高度计，1台XS-6A型信标接收机，1台HGY-10B型IFF/ATC应答机，1套微波着陆系统，1套仪表着陆引导系统。

通讯系统：1 部 170 型 HF 短波单边带电台，1 部 651 型 VHF/UHF 超短波电台，1 套 483D 数据传输/塔康系统，1 部 JT 型机内通话器。

中国轰-7"飞豹"战斗轰炸机。

俄罗斯米-10"哈克"直升机

1961年，一架形状奇特的直升机在土希诺机场慢慢升起，这便是苏联的米-10重型直升机。米-10直升机奇怪的外形给人们留下了深刻的印象，所以人们形象地称其为长腿直升机。

米-10直升机是苏联米里设计局研制的重型起重直升机，由米-6发展而来，北大西洋公约组织称其为"哈克"。米-10有两种型号："哈克"A（米-10或V-10）和"哈克"B（米-10K）。米-10可用来运送货物。

1 装置配备

米-10 采用了高大的长行程四点式起落架，主轮距有 6 米多，满载时机身与地面间距离可达 3.75 米，因而可以使直升机滑行至所携带货物的上面，便于运送庞大的货物。机身下面可装轮式载货平台，平台由液压夹具固定，液压夹具可在座舱内或用手提控制台操纵。座舱内可装载旅客或附加货物。

1971 年米-10 暂时停产，1977 年又开始恢复短期小批量的生产。现在大多数米-10 已逐渐被新研制的米-26 重型运输直升机取代。

俄罗斯米-17"河马"直升机

1981 年，在巴黎国际航展上，首次亮相的米-17 直升机大放异彩，米-17 的特点是适应性强、用途广泛，在执行战术运输和空中突击任务时，具有多种武器挂装方案。

米-17 直升机是苏联米里设计局研制的单旋翼带尾桨中型运输直升机，北大西洋公约组织称其为"河马"。在 1981 年的巴黎航空展览会上米-17 首次展出，1983 年开始出口。

米-17 是在米-8 的基础上改进研制的，米-17 的尾桨在垂直面的左边，性能比米-8 有了很大的提高。米-17 主要是客货运输型，可运输车辆、工程设施等货物，能载 24 名旅客或装

12 副担架。另外，米-17 直升机还有米-17P "河马" K 直升机为通信干扰机；1989 年米-17-1VA "河马" H 第一次于法国巴黎航展上展出，这种型号的直升机主要在俄罗斯的航空医院使用。米-17 目前仍在生产，民用型单价为 550 万美元。

米-17 的旋翼系统为 5 片全金属矩形桨叶的旋翼和 3 片桨叶的尾桨；武器系统为 23 毫米的 GSH-23 机炮；动力装置为两台克里莫夫设计局设计的 TV3-117MT 涡轴发动机。

俄罗斯米-28 武装直升机

米-28 是单旋翼带尾桨的全天候专用武装直升机，它的基本设计思想是用来攻击地面坦克，攻击近距支援攻击机和直升机，拦截和下射低空飞行的巡航导弹，攻击地面活动目标和进行战场侦察。

作为一种全天候专用武装直升机，米-28"浩劫"直升机由苏联米里设计局制造。米-28 不同于米-24 的结构，它具有装载 8 名步兵的运兵舱和气泡形风挡等。它的结构布局、作战特点都与西方流行的设计，尤其与美国的"阿帕奇"武装直升机相似，因此人们把米-28 武装直升机称为"阿帕奇翻版"。

1　空中"装甲车"

米-28 直升机是目前世界上唯一的全装甲直升机，它前后两个乘员舱都由钛合金装甲保护，座舱安装了 50 毫米厚的防弹玻璃，能承受 12.7 毫米子弹和炮弹碎片的打击。此外，米-28 的发动机也能抵挡机枪子弹攻击，即使子弹或弹片击中油箱，也不会引起大火或漏油，就连旋翼叶片上也有丝状玻璃纤维包裹。

与 Ml-24 相比，Ml-28 直升机的作战任务更加专门化，只承担作战任务，不再负责运送兵员。

2 谁与争锋

由于米-28 和苏联卡莫夫卡设计局的卡-50 都是为竞争新一代俄罗斯武装直升机的合同而研发的，所以两者一"出世"就互相竞争。由于这两种直升机各有千秋，俄罗斯空军左右为难，也不知道选择哪种飞机好。随着米-28 推出了性能卓越的改进型米-28N，俄罗斯空军才最终决定，于 2004 年空军和陆军航空兵中装备米-28。

俄罗斯卡-50 武装直升机

卡-50 是新型共轴反转旋翼武装直升机, 北约组织给予绰号"嚯头"(Hokum)。"嚯头"不是空战直升机, 而是一种用于压制敌方地面部分火力的突击武装直升机。卡-50 被选做俄罗斯下一代反坦克直升机。

卡-50 武装直升机是苏联卡莫夫卡设计局研制的先进武装直升机。1992 年, 在英国的范堡罗航空展上, 卡-50 在航空界引起巨大轰动。卡-50 是世界上第一种双旋翼共轴式攻击直升机。

1 英雄本色

俄罗斯人把这架直升机称之为"狼人",编号卡-50。卡-50令西方军界刮目相看。它是美、苏军备竞赛的产物。卡-50荣获多项世界第一:第一种单座攻击直升机;第一种共轴式攻击直升机;第一种采用弹射救生系统投入现役使用的直升机。

2 低空"杀手"

卡-50直升机在机身右侧装有1门30毫米口径2A42型机炮。机身两侧有短翼,翼尖各装一个UV-26型64枚干扰弹发射短舱。翼下左右各2个挂架,总外挂武器重量2 000千克。内侧挂架通常挂一个可装20枚S-8型80毫米口径火箭弹的火箭筒,射程最远可达4 000米,可打穿350毫米钢板,精度为8毫米弧度。短翼下的外挂架每个可挂6枚破甲厚度达900毫米的9M 120型"旋风"反坦克导弹。也可挂500千克以下的武器或副油箱。机内有驾驶、瞄准、导航一体化综合系统用于完成自动驾驶、搜索目标和自动导航任务。机载计算机可自动接收其他直升机、飞机或地面站传来的目标指示，而且立即在座舱显示器和平视显示器上显示出来。同时，飞行员有头盔瞄准具，它可将盯住的目标信息直接传送给武器，使武器截获目标即可发射，大大缩短发射武器必须的准备时间。

美国"科曼奇"武装直升机

RAH-66"科曼奇"是波音公司为美军研制的下一代攻击侦察直升机，原计划取代 AH-1 战斗直升机和 OH-56 侦察直升机，并部分替代 AH-64 战斗直升机。"科曼奇"是美国陆军的主力机种，执行武装侦察、反坦克和空战等任务。

"科曼奇"武装直升机是世界上第一种隐身直升机，其代号为 RAH-66。

1 隐身的法宝

"科曼奇"采用消散雷达反射波的外形设计、内藏式导弹和可收放式起落架；广泛采用复合材料，机上所有复合材料重量占全机结构重量的一半以上，其雷达反射截面仅为 AH-64 的 1/600；运用红外线抑制技术，使 RAH-66 成为世界上第一种"冷"直升机。这一切均有利于其隐身效果的实现。

2 要求严格

当在非隐身状态下执行任务时，"科曼奇"可在机身两侧加装一副短翼，挂 2×4 枚"海尔法"导弹或 2×8 枚"毒刺"导弹；也可挂 2 个 1700 升副油箱以准备转场飞行。如不挂弹，

该机可挂装 425 升油箱，可使该直升机的转场航程达到 2 000 千米以上。"科曼奇"直升机的维修要求很严格：复飞需要时间为 3 人 15 分钟，平均飞行 1 小时维护工作需要 2.5 小时；转场飞行需要 5 名机务人员，要求做到安装短翼 3.5 分钟，挂大副油箱及加满油 3 分钟，挂 2 枚"毒刺"导弹以及装 1 500 发炮弹 4.5 分钟。到达目的地后，去掉短翼、副油箱及武器 15.5 分钟，卸下其他转场设备 3.5 分钟。实际上，达到这些指标便能解决现代军用飞机日益复杂的维护问题，提高飞机使用率，以此能够更好地适应现代战争的时间要求。

"科曼奇"的工作原理是将入射雷达波变为脉冲信号，同时测出直升机在该条件下的反射数据，并发射出假回波，从而达到使探测雷达失灵的目的。

美国 CH-47 "支努干" 运输机

CH-47" 支奴干" 中型双旋翼纵列式全天候中型运输直升机可在恶劣的高温、高原气候条件下完成任务。CH-47 型机是美军主要运输直升机,也是唯一的中型运输直升机。

1 纵列双旋翼

美国陆军特种部队首选了波音公司生产的 CH-47 "支努干"直升机。这是一种独具特色的直升机,它不像我们常见的那种单旋翼直升机,它有两副旋翼,分别安装在机头上方和机尾上方,所以这种直升机又叫"纵列式双旋翼直升机"。

2 空中"大力神"

在 1991 年的海湾战争中，CH-47D 是美国唯一一种能够在宽阔地域上运送重型货物的直升机，其载重量和速度为美军指挥员和后勤官提供了良好的支持。在地面作战中由第 18 空降师执行的侧面机动就是以 CH-47D 为"基石"的。仅第一天作战中，CH-47D 就运送了大量弹药装载货盘和 131 000 加仑燃料，同时在 2 小时内建立了 40 个相互独立的燃料弹药补给点。

3 不断改进

CH-47"支努干"运输直升机由波音公司研制成功。尤其是它的纵列双旋翼，使得它显得与众不同。CH-47 系列运输直升机源自波音公司 1956 年开始发展的 114 和 414 型号。随后出现了多种改进型号，主要包括 CH-47A，CH-47B，CH-47C 和 CH-47D。CH-47 纵列双旋翼结构令其备受注目。

CH-47"支努干"运输直升机运输能力强、机动性能高，颇受美军方重视，在对阿富汗、伊拉克战争中发挥了重要的作用。

　　CH-47 运输机可进行空中加油，具有远程支援能力。部分型号机身上半部分为水密隔舱式，可在水上起降。

美国 AH-64 "阿帕奇"武装直升机

AH-64 是目前武装直升机的最终极表现，它的强大火力与重装甲，使它像是一辆在战场上空飞行的重坦克。不管白天或黑夜都能够随心所欲地找出敌人并摧毁敌人，而且几乎完全无惧于敌人的任何武器。

"阿帕奇"直升机是 20 世纪 80 年代美国陆军最先进的全天候攻击直升机，代表了第三代武装直升机的发展趋势。"阿帕奇"在海湾战争中战绩辉煌，一架"阿帕奇"曾摧毁了 23 辆伊拉克坦克。

1 空中 "巨鸷"

AH-64 是美国麦克唐纳·道格拉斯公司研制的先进攻击直升机，原型机于 1975 年 9 月首次试飞。"阿帕奇"的火力是当今武装直升机中最强的，机身上可挂载 16 枚"海尔法"激光制导反坦克导弹，机身下装有 4 具发射器，可挂 76 枚航空火箭。可以这么说，让 AH-64 发现的装甲目标，几乎都未战先亡。

2 "阿帕奇"神话

在美国的西南部,有一个称为阿帕奇族的印第安部落。相传这个部落中有个名叫阿帕奇的武士,他是印第安部落的守护神。"阿帕奇"直升机就是以这个部落的名称命名的。

3 强大火力

美国 AH-64 "阿帕奇"武装直升机,作战任务以反坦克为主,也可以对地面部队进行火力支援。直升机最关键的部件是旋翼,"阿帕奇"采用的是 4 片桨叶全铰接式旋翼系统,旋翼桨叶翼型是经过修改后的大弯度翼型。

美国 S-70 "黑鹰" 直升机

S-70 直升机绰号 "黑鹰"，是 UH-1 的后继机。该机主要执行战斗突击运输、伤员疏散、侦察、指挥及兵员补给等任务，是美国陆军 20 世纪 80 年代直升机的主力。

S-70 "黑鹰" 直升机由美国西科斯基公司研制，是美军目前装备数量最多的通用直升机。1984 年 7 月，中国与美国西科斯基公司签订合同，从该公司购买 24 架 S-70 民用 "黑鹰" 直升机。首批 4 架 "黑鹰" 于 1984 年 11 月抵达中国天津。S-70 直升机是迄今为止中国空军所拥有的高原性能最优秀的直升机。"黑鹰" 原为一个印地安部族酋长的名字，由于美军对他十分敬畏，于是将 20 世纪 80 年代美军主力

通用直升机命名为"黑鹰"直升机。此外，命名的另一主要原因是它与凶猛的飞禽——"鹰"存在共性。

1 S-70 在中国

S-70 的高原性能极好。实际上，S-70 是陆航唯一能在高原区顺利运作的直升机。通常情况下，在平均海拔 3 000 米以上的雪域高原，含氧量仅为海平面的一半，任何发动机功率都会减少 40% 左右。在 S-70 引进之后，我国科研人员经过不断努力，反复进行实地试飞论证，终于克服了技术困难，解决了升力问题，使得"黑鹰"飞越了海拔 5 200 多米的唐古拉山。为了适应高原地区的使用需要，中国的 S-70 直升机采用了加大推力的 T700-701A 发动机，改进旋翼刹车，并且采用先进的 LTN3100VLF 导航系统，而非美军标准的多普勒导航系统。机身选材先进，机身上的射击窗、机枪座等都经过了优化设计，达到了比较理想的承力状况。

S-70 的用途比较广泛。自 1985 年后进入西藏和新疆的高原地区服役，先后参加过多次抢救西藏灾区和返回式卫星回收的任务，出勤率十分高。但由于气候原因及人为操作失误，也

发生过多起机毁人亡的事故。S-70 的先进性不容置疑，且易于维护。在高原性能和防腐蚀方面，S-70 更是占有压倒性的优势。

欧洲 EF2000 战斗机

EF2000 原名 EFA，是德国、英国、意大利、西班牙四国合作研制的一种新型战斗机，是介于第三代和第四代之间的超音速战斗机，它主要用于空战，并具有一定的对地攻击能力。1983 年开始研制，1994 年 3 月试飞。

欧洲 EF2000 多功能战斗机原称 "EAF" 欧洲战斗机，该机是由德国、英国、意大利、西班牙四国合作研制的新型战斗机，于 20 世纪 90 年代中期列装部队。

EF2000 的机载武器装配一门 27 毫米的 "毛瑟" 机炮、13

个外挂架，其中机身下有 5 个，每侧机翼下各有 4 个。在执行空中战斗任务时，外侧机翼挂点可携带 2 枚先进近程空对空导弹，内侧挂点带 2 个超音速自降式副油箱，机身半埋式弹槽内带 4 枚中程空对空导弹。

EF2000 在 1984 年进行研发，主要作战对象是苏-27 和米格-29。"EAF"以空战为主，并拥有强悍的对地攻击能力。机翼采用无尾三角翼，机身采用先进的碳纤维合成材料。雷达为 ECR90 多段脉冲多普勒雷达，搜索距离最远可达 148 千米，可同时追踪 8 个目标。另外，飞机还装有全动鸭翼和 4 倍灵敏度的头盔飞行控制系统，极大地增强了战机的机动性。

作为一种多用途战斗机，EF2000 战斗机的空中优势表现在许多地方：

空中拦截能力：功能强大、高度灵敏的探测器加上先进的武器发射技术，使它的空对空武器系统始终保持着待发射状态，无论是白天还是黑夜，都能够进行大负荷长距离作战。

空中支援能力：EF2000 先进的电子设备使它能和地面指

挥员保持密切的联系和合作，能准确地分辨地面的个别目标，发动攻击。

压制敌方防空体系：先进的电子设备、精确导航、精确定位和自动寻找武器系统的相互结合，保证能准确地寻找和摧毁敌方的防空力量。

海上攻击能力：专用的雷达模式和数据链使 EF2000 战斗机能够独立或者配合其他海上力量投入战斗。

俄罗斯米格-29 战斗机

米格-29"支点"是俄罗斯单座超音速全天候空中优势战斗机，它的基本任务是在各种海拔高度、方向、气象和电子对抗条件下，消灭 60 千米～200 千米内的空中目标，所以它最适合于空中优势和近距机动空战。

米格-29 战斗机是赫赫有名的米高扬—格列维奇实验设计局研制的单座双发高机动性战斗机。米格战机于 1979 年 10 月首飞，1982 年投产，次年开始成为联空军的制式装备。米格-29 性能卓越，能在任意气象条件下和苛刻的电子干扰环境中、

该战斗机最大的特点是装备了新型雷达、新型红外搜索系统、新型导弹，以及更大推力的发动机和电传操纵系统。

在全高度范围内进行空中精确打击，是近距机动空战中的王者。米格-29后期的一些型号也可以进行空对地攻击和进行近距空中支援。西方军事专家称米格-29为"支点"。

1 空中"多面手"

米格-29是与苏-27同时进行研制的。苏联当时规划这两种战斗机将构成一个新的战术航空系统。该系统的任务是确保空中优势并承担所有前线作战任务，包括对地攻击。进入设计阶段后，米高扬设计局力求使米格-29多承担任务。因此，到1971年该机已成为一种"微型"前线战斗机。米格-29同时具有优秀的格斗能力和对地攻击能力，可以单独自主地用于作战，只是作战半径有限。米格-29进气道在机腹两侧，中等后掠角的上单翼，双发双垂尾，主起落架为前后串列双轮。米格-29战机总体方案进行了多次调整，最后形成了翼身融合体、带边条中等后掠角、双垂尾、机腹进气的布局方式。米格-29没有采用电传操纵，但在操纵系统中装有较先进的C-IY-451自动控制系统。米格-29的1号原型机于1977年10月6日首飞。这架飞机与生产型没有多大的区别，随即生产了10架试制型和8架试生产型的飞机，用于进行飞行试验。

2 畅销"支点"

1982 年，米格-29 开始在莫斯科和高尔基的工厂投入批量生产，1983 年 6 月交付部队试用。其装备部队的时间比苏-27 早约三年。1988 年，米格-29 在范堡罗航展上首次公开展出。1986 年开始，先后向古巴、前捷克斯洛伐克、前东德、印度、伊朗、伊拉克、朝鲜、波兰、罗马尼亚、叙利亚、南斯拉夫和马来西亚（米格-29S）等国出口。

3 米格-马孙的武器系统

米格-29 装有先进的机载设备和武器系统。其火控系统包括脉冲多普勒雷达、光学雷达、头盔瞄准具和火控系统计算机，自动化程度高，抗干扰能力强。该机可携带 P-27 雷达制导中距拦射空空导弹和 P-60、P-73 红外制导近距格斗空空导弹，还可携带 57 毫米、80 毫米、240 毫米火箭弹。最大武器外挂量为 3 000 千克，装有 1 门 30 毫米航炮。动力装置为 2 台克里莫夫设计局的 PII-33 加力式涡扇发动机，单台最大推力 49.390 牛。

俄罗斯苏-24"击剑手"战斗轰炸机

苏-24"击剑手"战斗轰炸机为冷战时期苏联空军最有效的远程战术攻击机，也是俄罗斯空军现役的主力战斗机之一，其主要战术使命是深入敌境，攻击其陆军集结部队或空军基地。

苏-24是苏联苏霍伊设计局研制的双座、双发、变后掠翼重型战斗轰炸机，是苏联第一种能进行空中加油的战斗轰炸机，西方军事专家称其为"击剑手"。苏-24在20世纪60年

代后期开始研制，1983 年至今尚在俄罗斯空军服役。很长时间以来，苏-24 一直是俄罗斯主力战机的重要组成部分。

1　神奇苏-24

苏-24 是第一种装备了计算机轰炸瞄准系统和地形规避系统为核心的火力控制系统的苏联飞机，这标志着苏联飞机的火控和电子技术水平更上了一个台阶。机上装有性能较先进的导航/攻击雷达，最大作用距离可达 80 千米左右；还装有毫米波雷达和其他较完备的电子设备。苏-24 装有惯性导航系统，飞机能远距离飞行而不需要地面指挥引导。

2　机翼设计

苏-24 装有两门口径 30 毫米机炮，机上有 8 个挂架，机身下有 4 个，翼根部有 2 个，外翼下有 2 个。正常载弹量为 5 000 千克，最大载弹量 7 000 千克。机身中央后挂架可挂 1 枚 1 000 千克的核弹。苏-24 可挂一种低阻炸弹，速度为 1 200 千米/小时 ~ 1 250 千米/小时，每枚重 500 千克，也可带子母弹箱和专门用于轰炸机场跑道的炸弹。

3　解读苏-24

苏-24 战机主要特点是续航时间长，加速性能好，能在泥土跑道上起降，具有低空高速突防和全天候作战能力。它的出现成为了苏联航空兵的进攻利剑，是苏联战斗轰炸机中的领军者。苏-24 战机的出炉显示了苏联在战机方面的高超的科研能力。

4 空中角斗士

苏-24 机翼后掠角的可变范围为 16°至 70°，常用后掠角起飞、着陆为 16°，对地攻击或空战时为 45°，高速飞行时为 70°。其机翼变后掠的操纵方式比米格系列战机要先进许多。

苏-24 可挂装 500 千克激光制导炸弹和各型空对地、空对空导弹。还可挂装苏制轻型空对空快速反应导弹，从而大大提高了苏-24 的空中生存能力。

苏-24 战斗机具有高速突防和全天候作战能力，可执行对地支援、纵深打击、侦察等任务。

俄罗斯苏-27"侧卫"重型战斗机

苏-27是单座双发全天候空中优势重型战斗机，于1986年陆续装备部队，目前是俄罗斯空军的主战飞机。苏-27的问世，不仅结束了米格机在苏联战斗机领域独领风骚的局面，而且使该系列飞机成为居世界前列的尖端兵器。

1 高空利剑

1987年9月13日，一架挪威空军的P-3B巡逻机挑衅性地出现在苏联的海岸线上，苏联空军的一架苏-27战斗机立刻升

苏-27战斗机的机身为全金属半硬壳式结构，并大量采用铝合金和钛合金材质。

空进行驱赶。苏-27 战斗机的飞行员驾驶飞机直接从 P-3B 巡逻机的右下方闪电穿过，用其坚固的尾翼尖作为"手术刀"，给 P-3B 巡逻机做了一个"开膛手术"，P-3B 巡逻机的一台发动机严重受损，苏-27 捍卫了苏联的荣誉。

2 空中战士

苏-27"侧卫"战斗机由苏联苏霍伊设计局研制。其主要任务是国土防空、护航、海上巡逻等。苏-27 战斗机航程更远、速度更快、机动性更好。苏-27 是单座双发、全天候空中强势重型战斗机的杰出代表。

3 技压群雄

苏-27 是优秀的苏制第四代战斗机，就飞机本身的性能，尤其是机动性而言，它绝对是世界战斗机第三代中的佼佼者。苏-27 刚刚服役就震动了世界航空界。苏-27 拥有先进的气动布局和强大的攻击力。在西方航展上苏-27 精彩的"眼镜蛇"机动动作更令世界惊叹不已。

4 "蛇王"抬头

"眼镜蛇机动"是由苏联试飞员普加乔夫驾驶苏-27首创，在此之前，世界上任何一种飞机都无法完成这个动作，包括F-15和F-16。苏-27的这个动作属非常规机动，在做这一动作时，它的姿态很像眼镜蛇，所以，人们称它为"眼镜蛇机动"。这一动作实战性较强。

苏-27重型战斗机采用了双立尾布局和翼身融合体先进气动技术，使飞机的战斗效能达到最佳状态。

俄罗斯苏-30 战斗机

　　在俄罗斯对外出口的武器清单中，苏-30 是出现频率最高的武器之一，尽管它问世才 20 年时间，但在世界军用飞机市场上的风头，丝毫不亚于苏氏家族的其他"兄弟"。毫不夸张地说，应该是风头正劲。

苏-30 战斗机。

　　苏-30 战斗机为苏-27 的改装产品，它是一种双座远程多用途战斗机。苏-30 战斗机可用来执行远距、空中巡逻警戒任务，此外还可作为小型预警机，对其他飞机实施指挥。一架苏-30可以引导4架不同型号战斗机或苏-27系列战斗机进行战斗，它的作战效能极强，具有十足的领袖风范。

1 空中"神枪手"

苏-30的头盔瞄准系统大大缩短了武器系统的反应时间，这种系统方便了飞行员的攻击动作的实施。它装备的R-27和R-73导弹，一个对付远距目标，一个对付近距目标。而更让人佩服的是苏-30机身上的红外导弹警告扫描仪，当敌机导弹来袭时，它不但可以向飞行员提供警告，还能自动施射空对空导弹去拦截敌方的导弹。

2 猎鹰者

苏-30战斗机承担的一个重要的战略任务就是保持苏系战斗机对美国F-15"鹰"式战斗机的优势地位，而苏-30也确实做到了这一点。同F-15相比，在座舱和油箱处加装了17毫米钛合金的苏-30具有更好的防御性能。此外，苏-30可以通过关闭小雷达达到一定的隐身目的，而这是F-15战斗机无法实现的。

3 "微笑"刺客

在苏-30战斗机身下的两个引擎之间装备有后视空对空雷达，这意味着苏-30战斗机的飞行员无需回头，就能对后面袭来的敌方战斗机冷不防地杀个"回马枪"——从后方发射雷达制导的空空导弹。

4 苏-30利器

苏-30的机载武器有一门30毫米机炮，12个外挂架，可挂载10枚空空导弹，其中包括R-73红外制导近距格斗空空导弹、R-27/R-77半主动雷达制导中距空空导弹、Kh-59ME/Kh-29E空地导弹、Kh-31P空地反辐射导弹、各种常规炸弹和火箭弹，总载弹量为8 000千克。

5 苏-30座舱

苏-30装有空气调节系统，在2 400米至10 000米高空仍能让机舱保持一定压力，故而飞行员无需佩戴氧气呼吸系统也可完成飞行任务。

俄罗斯苏-37 战斗机

苏-37 是多用途全天候超动性战斗机，苏-37 是俄罗斯空军研制一系列第四代战斗机和第五代多功能战斗机计划实施过程中的重要一步。苏-37 的试验机是从苏-35 的原型机发展而来，于 1996 年 4 月完成了首航。

苏-37 战斗机是俄罗斯苏霍伊设计局研制的单座双发多用途战斗机。它是俄罗斯空军手中的一张王牌。苏-37 战斗机的保密工作做得非常完善。目前，由于各种原因苏-37 战斗机仅有一架，其标号为"711"。

1　经典苏-37

　　苏-37 最多可装载 8 000 千克武器，12 个外挂点采用推力矢量技术，此技术是世界上最先进的前沿技术之一。苏-37 安装了三维推力矢量喷口，这种喷口可上下左右变化，因而苏-37 机动性能强劲，其空战能力提高了数倍。

2　千里"鹰眼"

　　苏-37 装有大功率先进雷达 N011M，该雷达探测距离为140 千米 ~ 160 千米，拥有对空、对地监视能力和地形回避工作方式，可引导导弹直接攻击其锁定的目标。

3　"神鹰"利爪

　　苏-37 战斗机最多可装载 8 000 千克的武器，12 个外挂点可以挂载空对空导弹、空对地导弹、火箭或电子对抗设备等。苏—37 装备了一部多功能前视脉冲多普勒相控阵雷达，它可以同时跟踪 15 个目标，提供目标的方位和为空对空导弹制导。

飞机上还装有控制系统和监视系统，以及地形跟踪、地形回避系统、地图绘制和多通路的武器制导系统等。

4 超强性能

苏-37 的最大起飞重量为 34 000 千克，最大平飞速度 2.35 马赫，实用升限 18 800 米，最大航程 3 300 千米。苏—37 机首装有先进火控雷达，探测距离非常远，可同时攻击多个目标。苏-37 代表现代俄罗斯空军作战飞机技术的最高水平。

俄罗斯 S-37"金雕"战斗机

由俄罗斯苏霍伊设计局研制并先后试飞成功的苏-37 和 S-37，因代号相似，一开始容易使人把二者看成是一种飞机，其实它们是两种不同型号的战斗机，两者在外形上最明显的区别就是一个后掠翼、一个前掠翼。

S-37 是苏霍伊设计局瞄准俄罗斯空军对新一代战斗机的要求而设计的。1997 年 9 月 25 日，在莫斯科茹科夫斯基空军基地由俄空军试飞员伊戈尔瓦金采夫驾驶 S-37 完成了首次试飞。截至 2001 年 8 月，该机已进行了 4 次试飞，并完成了一

S-37 具有良好的超机动能力，由于机上装有自动化程度较高的操纵系统和火控系统，因此它可以完成零速的机动动作。

系列飞行任务，总共飞行次数已达数百次。S-37 技术性能优越，可与美国的 F-22 战斗机相匹敌。目前，S-37 已被命名为苏-47 战斗机，成为俄罗斯空军的又一张王牌。

1 主要机载设备

S-37 将利用其机腹内部空间大的特点，装备了俄最新研制的航空武器火控系统及电子系统。与俄罗斯先进的苏-35、苏-37 战斗机一样，S-37 装备有新一代一体化航空电子设备，包括相控阵雷达和后视雷达，武器控制系统、新型瞄准器、多功能电子指示器和记录器、新型卫星导航和通信设备，空中信号数据处理系统、电子战系统、RLS 攻击防御系统等。该机还将装备全高度、全方向、全距离的武器系统，包括最新研制的空对空导弹和多种空对地武器，它既有空中截击能力，又能攻击敌方纵深处的地面和海上目标。

2 动力强劲

目前 S-37 战斗机装有 2 台 D-30F6 涡轮喷气发动机，其单台推力 15 500 千克。最终将在定型机上装备 2 台先进的

AL-41F涡扇发动机,并采用推力矢量喷管技术。

3　武器系统

　　S-37 战斗机机载武器包括 R-77M（AA-12）、R-73M、K-74、KC-172、VV-AE 中、近、远程空对空、空（面）导弹和各种精确制导炸弹等。其中 R-73M 红外制导空对空导弹,为 R-73 的改进型,可实施全向攻击,具有发射后无需控制及同时攻击多目标的能力,不仅能攻击飞行中的飞机,还可用于拦截中、远程空空导弹,射程可达 160 千米;KS-172 系俄罗斯最新研制的远程空对空导弹,最大射程为 400 千米,它与机载火控雷达匹配后,该机将具有先敌发现、先敌攻击的超视距攻击能力,可在敌防空火力圈外实施攻击。

瑞典 JAS-39"鹰狮"战斗机

JAS-39"鹰狮"战斗机是瑞典航空航天工业集团 SAAB 公司研制的新一代战斗机。"鹰狮"是一种多用途飞机。它已成为本世纪末"雷"式飞机的接替者，又称"北欧守护神"。

1 一专多能

多功能、高效经济的"鹰狮"战斗机不仅达到了瑞典空军多功能、低成本的要求，也符合多变的世界市场对飞机品质及能力日益提高的需要，其性价比也十分优越。JAS-39 的出口定单一直未断过。

2 鹰之舞

JAS-39"鹰狮"战斗机可轻松完成倒飞、筋斗、小半径盘旋、大迎角低速通场等高难度动作。它装备 1 门 27 毫米"毛瑟"BK27 航炮、有 7 个外挂架，可装挂红外和雷达制导的"响尾蛇"、"天空闪光"等空对空导弹，还可挂重型空对地、空对舰导弹和侦察吊舱。

JAS-39"鹰狮"机型于 20 世纪 90 年代初装备部队，成为"雷"式飞机的接替者，被称为"北欧守护神"。该机型主要使命为拦截、攻击和侦察。"鹰狮"战斗机成为瑞典人的骄傲。

3　异军突起

　　20世纪70年代末，瑞典空军仅有一种萨伯-37"雷"现代化战斗机。瑞典的这种单一型战斗机远远满足不了现代化的空军作战要求。80年代初，瑞典飞机制造公司开始研制新一代"一机多型"战斗机。新一代战斗机在改换计算机程序的同时，换上了不同的武器外控系统。

美国 F-14 "雄猫" 战斗机

美国海军的战斗机群中，最受到军机迷喜爱的机种莫过于 F-14 "雄猫" 战斗机，该机拥有绝美的造型和强大的战斗力。 F-14 "雄猫" 战斗机所挂载的不死鸟导弹，更是让 "决胜于 千里之外" 的战略名句彻底实现的代表性武器。

F-14 "雄猫" 战斗机的开发始于冷战时代，它的制造满足了美军要 在航空母舰上起降的需求，为美国的航空舰队注入了新鲜血液。

美国F-14"雄猫"战斗机由美国诺斯罗普·格鲁曼公司专门为满足航空母舰上起降的需求而设计的一款舰载型双座超音速多用途重型战斗机。F-14可执行防御、截击、打击和侦察任务。

1 F-14外形

F-14"雄猫"战斗机是美国海军战斗机群中最受军机迷们喜爱的机种。F-14"雄猫"战斗机的变后掠翼与近乎垂直的尾翼使之具有了超酷绝美的造型。飞机的机翼在起飞、低速巡航和着陆时的后掠角为20°，在高亚音速和超音速飞行时最大飞行后掠角会自动变至68°，可以把阻力降到最小。

2 杀手"雄猫"

F-14"雄猫"战斗机主要武器是1门20毫米机炮，备弹675发。该机可挂载近程、中程、远程空对空导弹，包括AIM-9"响尾蛇"近程红外制导导弹、AIM-7"麻雀"中程半主动雷达制导导弹和AIM-54"不死鸟"远程主动雷达制导导弹。F-14战斗机最多可携带6枚"不死鸟"导弹。

3 实战经验

F-14"雄猫"战斗机自20世纪后期诞生以来，一直因为它的超强的战斗力而备受青睐，还被誉为能够彻底实现"决胜于千里之外"的代表性武器。

1983年，位于地中海的"独立"号航空母舰上的F-14"雄猫"战斗机，在执行对黎巴嫩海岸的侦查任务中，多次遭到地对空导弹的袭击，然而F-14战斗机总能巧妙躲闪，化险为夷，出色地完成了它的使命。

美国 F-15"鹰"战斗机

F-15"鹰"战斗机是全天候、高机动性的战术战斗机，是美国空军现役的主力战机之一。它与 F-14、F-16、欧洲的"狂风"、法国的"幻影2000"等同属为第三代战斗机。

F-15"鹰"战斗机由美国麦道航空公司研制，担负空中

F-15"鹰"战斗机是美国空军当前的主力制空战斗机，
它可用于夺取战区制空权，还可对地面目标实施攻击。

格斗、夺取制空权的任务，同时 F-15 具有对地攻击能力。作为第三代战斗机中的杰出代表，F-15 一直都是美国空军夺取制空权的主力战斗机。

1 "苍鹰"展翅

F-15 从 1975 年装备部队开始，已改装多次。主要有：A型为美国空军的基本型；B 型为 A 型的双座教练型，也可用于制空作战；C 型是 A 型改进型，增加了载油量；D 型是 C 型的双座型；J 型为日本引进专利生产的 F-15；DJ 型为 J 型的双座型；E 型属于双重任务战斗机；S/MTD 型为短距起落先进技术验证机等。

F-15 战斗机装备了 20 毫米的 M61A1 "火神" 机炮，这种6 管的高速机炮能每分钟发射出 6 000 发炮弹。假如一架长17.2 米的米格-29 战斗机以 1 000 千米/小时的速度从 F-15 前

飞过，那么只要第一发炮弹命中米格-29 的前部，"火神"机
炮接下来至少还能击中对方 5 枚 ~6 枚炮弹，这就是"火神"
恐怖的射击威力了。

2 空中利爪

F-15E 战斗机采用了美国先进的科技成果：飞行员头盔式

目标选定瞄准系统。飞行员只需按动一个按钮，中央计算机就会立即输入飞行员头部转动角度，瞄准系统会通过中央计算机立即锁定飞行员选定的攻击目标，整个过程只需 1 秒钟。

3 热销中的 F-15

由于 F-15 的先进性能赢得了各国军方的认可。F-15 及其改进型战斗机热销欧洲、韩国、日本等许多国家和地区。成为这些国家和地区空中国防力量的重要组成部分。

美国 F-16"战隼"战斗机

　　F-16"战隼"战斗机是美国空军装备的第一种多用途战斗机，也是世界上使用最广泛的一种作战飞机。由通用动力公司制造，目前在全世界许多国家和地区服役。

　　F-16 战斗机是战后美国军用飞机中改型较多的一种，几经改进，前后有 A、B、C、N、R 等 11 种改型。

F-16"战隼"战斗机由美国洛克希德·马丁公司研制，是一种超音速、单发、单座轻型战斗机。现已成为美国空军的主力机种之一，主要用于空中格斗。F-16战斗机是世界上销量最大的战斗机。

1 腹部进气道

F-16战斗机采用腹部进气道设计，在它出现之前，战斗机的进气道大多采用机头进气或是机身两侧进气。而采用腹部进气道的优点是，在飞机大仰角飞行或侧滑时，气流稳定且不会吸入机炮发射时的烟雾。苏联生产的米格-29、苏-27、法国的"阵风"纷纷采用了F-16战斗机所采用的腹部进气道的设计。

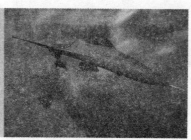

2 世界性战斗机

F-16战斗机自1978年装备部队后，逐渐成为美国空军的主力战斗机种之一。美国已生产此种类型的飞机4 000架以上，数十个国家和地区竞相采购F-16战斗机。

3 战争纪录

1982年6月9日，以色列空军以F-16战斗机为突击主力，在 F-16 战斗机的掩护下，仅用 6 分钟就摧毁了位于叙利亚贝卡谷地的 19 个"萨姆"-6 地空导弹阵地，228 枚"萨姆"-6 地空导弹全部被击毁。随后，它又与 F-15 等一起在贝卡空战中创造了击落叙利亚 80 多架战斗机，而自己无一损失的奇迹。

4　高新技术

F-16"战隼"战斗机装有 1 门 M61A1 型 6 管航炮，9 个武器外挂架。此外，它还采用翼身融合为一的边条翼、使用质量较轻的复合材料、采用静稳定性技术等。

美国 F-18"大黄蜂"战斗机

F-18 战斗机的战场生存能力很强，极高的武器投射精度、良好的安全性能及较低的故障率，使得"大黄蜂"成为美国出口热销的战斗机之一。F-18 经一系列改进，共生产了 9 种型号，性能不断得到提升。

美国 F-18 战斗机由美国麦道公司和诺斯罗普公司联合研制，F-18 是一种舰载战斗机，主要编入美国航母战队。F-18

绰号"大黄蜂"。F-18"大黄蜂"是第一种生产型，是单座、双发舰载战斗攻击机，主要用于舰队防空和舰载攻击机的护舰，有些也用于执行空对地攻击任务。

1 "黄峰"本色

F-18 战斗机的主要特点是可靠性和维护性好、生存能力强、大迎角飞行性能好、武器投射精度高。据介绍，该机的机体是按 6 000 飞行小时的使用寿命设计的，机载电子设备的平均故障间隔长，故障率低，电子设备和消耗器材中 98% 有自检能力。

2 "黄峰"利刺

F-18 有 1 门 20 毫米机炮，备弹 570 发。F-18 创造性地采用 9 个外挂架，两个翼尖挂架各可接 1 枚 AIM-9L "响尾蛇"空对空导弹；两个外翼挂架可带空对地或空对空武器，包括 AIM-7 "麻雀"和 AIM-9 "响尾蛇"导弹；两个内翼挂架可带副油箱或空对地武器；位于发动机短舱下的两个接架可带"麻雀"导弹或攻击效果照相机和红外探测系统吊舱等；位于机身中心线的挂架可挂副油箱或武器。"武装到牙齿"的 F-18 足以令对手心惊胆战。

3　出口热销

到目前为止，F-18 共有 9 个型号，有单座的，也有双座的，并且被多国引进。其中 CF-18A 出口加拿大，F/A-18A/B 出口澳大利亚，EF-18 出口到西班牙，更有一种多用途岸基型 F/A-18L 战斗机专门供出口用。F/A-18A 为基本型，是一种单座战斗机，主要用于护航和舰队防空，而只要部分武器进行换装即为攻击型战斗机，可执行对地对空等攻击任务。

F-18 战斗机采用了隐身外形设计，包括原来的圆形进气道改为方形进气道，涂漆含有吸收雷达辐射的材料。

美国 F-22 "猛禽" 战斗机

F-22 猛禽是由美国洛克希德·马丁、波音和通用功力公司联合设计的新一代重型隐形战斗机。超音速巡航能力的具务，使得其在穿越对手的防空体系时自身的生存力得以提高。

F-22 战斗机是世界上第一种也是目前唯一一种投产的第四代超音速战斗机，它所具备的"超音速巡航、超机动性、隐身、可维护性"等功能，使它成为第四代超音速战斗机史上的杰作。

1 超音速巡航能力

F-22 战斗机具备超音速巡航能力。

超音速巡航能力是指飞机无需开加力而以较高的超音速巡航飞行的能力。F-22 穿越对手的防空体系时，超巡能力可以提高其生存力。该战斗机穿越防空系统传感器探测范围的时间越短，留给防空系统的反应时间自然越短。F-22 战斗机的巡航速度越高，截击就越困难，防空系统攻击范围减小幅度也越显著。无论是尾追还是前置拦截，高速度都显著缩短了有效射击时间，因为导弹如果追击一个高速目标，而目标的相对角速度太大会使得导弹不得不在急转弯中消耗能量。

2 绝版 F-22

F-15 号称冲刺速度可以达到 2.5 马赫，但那是在空载条件下。在挂弹后，由于干扰阻力增大，该机最大速度仅有 1.78 马赫，在接近 1.7 马赫时加速性严重下降。F-22 在这方面的表现就要好得多。在所有高度上，以军用推力或者更小的推力进行水平加速非常容易，但要是使用全加力，该战斗机的加速度简直令人惊骇。使用军用推力，在接近音速时随阻力上升，F-

22 战斗机加速性有些下降，但突破音障仍很轻松。F-22 战机以军用推力跨音速飞行，感觉上和 F-15 开加力差不多。打开全加力，"猛禽"的加速性变得稳定而强劲。在 M0.97 ~ M1.08 之间，飞机有轻微抖振。之后，直到最大速度，F-22 战斗机的加速一直保持平稳连续。试飞时，F-22 战斗机可以尽快进入超巡状态，以最大限度地利用狭小的超音速空域穿越封锁线。

F-22 "猛禽"战斗机是美国于 21 世纪初期的主力重型战斗机它是目前最昂贵的战斗机。

美国 F-100"超级佩刀"战斗机

在越南战争中，F-100 战斗机主要负责空中巡逻和对地攻击，以阻止米格机对己方攻击的突袭。此外，该机有时还担负空中管制任务。

F-100"超级佩刀"战斗机于 1949 年 9 月开始装备部队。F-100"超级佩刀"战斗机是世界上第一种具有超音速平飞能力的喷气式战斗机，主要型别有：A、C、D、F 等。各型总计生产 2350 多架。使用国家有美国、法国、土耳其、丹麦等。

美国空军使用的第一种超音速飞机是北美"超级佩刀"

战斗机，它的设计得到了美国空军的支持，最初研制这种飞机时称做"佩刀-45"计划。后来 F-100 成为美国空军在越南战争中使用的主要机型之一。1956 年，美国"雷鸟"飞行表演队换装 F-100"超级佩刀"战斗机，成为第一支装备超音速战斗机的飞行表演队。该机型"雷鸟"一直使用了 13 年。

F-100 采用后掠 45°的大展弦比低单翼。全机采用整体结构，抗扭性能好，进气口设在机头，为扁圆形。水泡形座舱盖后有一条机脊一直通到垂尾。

美国 F-104"星"战斗机

1954年2月7日，第一架 F-104 原型机研制成功。同年2月24-25日，该机在严密的保护下运至爱德华兹空军基地，并由托尼·勒维尔担任首席试飞员对其进行试飞。

F-104 超音速轻型战斗机是由美国洛克希德公司于1951年开始设计研制的。1958年开始装备部队，但因其航程短、载弹量小而未被列入美国空军的主力战斗机的行列。

F-104 主要型别有 A、C、G、J、S 等。共生产近 2 000 架。1958年洛克希德公司对 F-104C 的机体结构重新进行设计，提高了机体的结构强度，改进了机载设备，研制成多用途战斗机 F-104G。

F-104 战斗机于1955年4月便达到飞行速度 2 488 千米/小时，后成为20世纪60年代世界三大高性能战斗机之一。

美国 F-105 "雷公" 战斗机

在越南战争中，F-100 战斗机主要负责空中巡逻和对地攻击，以阻止米格机对己方攻击机的突袭。此外，该机有时还担负前方空中管制任务。

美国 F-105 "雷公" 战斗机是美国空军有史以来最大的单座单发动机的战斗机。F-105 "雷公" 战斗机是由美国共和公司于 20 世纪 50 年代末研制的。同时 F-105 战斗机也是美国空军第一架超音速战术战斗轰炸机，并且因为其特大的内部武器

舱和翼根下的独特的前掠式发动机进气口而出名。

F-105 是作为 F-84 后继机发展的单座超音速战斗轰炸机。20 世纪 50 年代初，美国的战略思想是立足于打核战争，战术空军也要具备战术核轰炸能力。因此 F-105 战斗机的主要任务是实施战术核攻击，也可外挂常规炸弹，执行对地攻击的任务，并具有一定的自卫空战能力。

1 主要装备

F-105 战斗机装备有 AN/ASG-19 火控系统，R-14A 单脉冲搜索瞄准雷达，AN/ASQ-37 通信、识别、导航系统，AN/ARW-73 "小斗犬" 导弹控制发射机，AN/APS-54 雷达警戒系统，AN/APN-131 "多普勒" 导航系统，AN/APX-37 敌我识别系统，AN/ARN-61 仪表着陆系统，ANARN-62 "塔康" 导航系统，AN/ARN-48 无线电罗盘，AN/ARC-70 通讯设备，AN/QRC-160 电子干扰机等先进的设备。F-105 机身可以配备一门 20 毫米的 6 管机炮，备弹 1 029 发。弹舱内可载 1 枚 1 000 千克的炸弹或 4 枚 110

千克的核弹。翼下有 4 个挂架，机腹下一个挂架，可按各方案
携带核弹和常规炸弹、4 枚 AGM-12 "小斗犬"空地导弹或 4
枚 AIM-9 空空导弹。

美国 F-117"夜鹰"战斗机

F-117 设计目的是凭隐身性能突破敌火力网，压制敌防空系统，摧毁严密防守的指挥所、战略要地、工业目标，它还可执行侦察任务。隐身"夜鹰"在对手眼中已成为无法看见的空中"黑手"。

F-117 所有的武器都挂在内置的武器舱内，可以携带美国空军战术战斗机的全部武器。

1 兼容并包，独树一帜

F-117 战斗机的机载设备具有很强的通用性，像 F-16 战斗机的电传操作系统，F-15 战斗机的刹车装置和弹射座椅，C-130 运输机的环境控制系统等都直接用在了 F-117 身上。这样既降低了成本、减少了风险、加快了研制进度，又利于维护使用。

2 看不见的空中"黑手"

F-117 是世界上第一种用于实战的隐身战斗机，它隐身性能好，雷达和红外探测装置很难发现它的踪迹。

F-117 的雷达反射面积非常小，仅在 0,001 平方米到 0,01 平方米之间，而一般飞机的雷达反射面积在 3 到 6 平方米以上。这意味着雷达有效地探测到 F-117 的距离要比其他飞机短得多，F-117 可以借此穿过严密的防空雷达网，袭击敌方后方目标。

3 驭"鹰"者

1980 年，美国空军在内利斯空军基地组建了第 4450 大队，并为新飞机征招飞行员和地勤人员。飞行员几乎全是从战术战斗机部队招来的，条件是飞行员必须要在现有战斗机上安全飞行过 1 000 小时以上。由于 F-117A 是专门用于夜间攻击的飞机，飞行员亲切地称其为"夜鹰"。

F-117 是目前世界上最先进的隐身战斗机。它的主要使命是凭借良好的隐身性能突破敌人防空火力网，摧毁敌人的指挥所、工业目标和交通枢纽。在海湾战争中，F-117 逐渐成长为美空军手中不可或缺的王牌战斗机。

法国"幻影"2000 战斗机

有人用"幻影时代"来形容"幻影"系列战斗机发展的盛况。足见其名气之大。"幻影"2000 是"幻影"系列中最新的一种战斗机，也是目前第三代战斗机中唯一采用不带前翼的无尾三角翼布局的飞机。

"幻影"2000 是法国达索航空公司研制的多用途战斗机。该机技术先进，是世界上为数不多的完全不抄袭苏美技术的战斗机之一。1984 年"幻影"2000 正式用于法国军队。

1 法国"名牌"

"幻影"2000 是"幻影"系列中最新的一种战斗机。从其性能水平和作战效能来看，确是一种研制得相当成功的优秀战斗机。法国军方虽已决定选用"阵风"战斗机作为新一代战斗机，但是"幻影"2000 飞机的改进型至少要用到2010 年。

2 神奇"幻影"

"幻影"2000 是很有特色的一种第三代战斗机，它是目前已服役的第三代战斗机中唯一采用不带前翼的三角翼飞机。法国在战斗机研制方面独树一帜的做法不仅体现在"幻影"2000 飞机上，而且体现在整个"幻影"系列飞机的形成和发展之中。

"幻影"2000 设计的目标之一是要增大有效载荷占飞机总重的比例，即所谓改进结构效益。为减轻结构重量，"幻影"2000 广泛采用了碳纤维、硼纤维等复合材料。

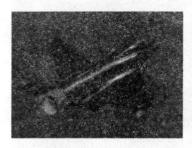 

3 武器装备

"幻影"2000 战斗机有 9 个挂架，可挂装 BGL1000 激光制导炸弹、ARMAT 反雷达导弹、APACHE 空对地巡航导弹、AM39 "飞鱼" 空对舰导弹以及 ACALP 隐身巡航导弹等多种摧毁性大的武器。

法国"阵风"战斗机

"阵风"战斗机是极富创造性的法国达索公司于 20 世纪 80 年代中期开始研制的。对它的支持者而言，"阵风"具有成为世界顶尖战机的潜力，不赞同的人则认为它只不过是个昂贵的奢侈品，一个法国养不起的"金钱无底洞"。

法国"阵风"战斗机是达索飞机制造公司研制的双发多

用途超音速战斗机。于1998年装备法国空军。

"阵风"装有一套独特的地形跟随系统，该系统不仅可在陆上使用，还可在海面上使用。"阵风"上的飞控系统中采用的一套模拟式通道为空中加油提供了便利，因为它对操纵输入的反应不剧烈。

1 "三雄"风采

"阵风"战斗机与"台风"战斗机和JAS-39"鹰狮"战斗机并称为欧洲"三雄"，它们采用了大量的现代技术，因而其综合空战效能有了巨大的提高。"阵风"战斗机拥有超视距作战能力和一定的隐身能力，可以在全天候气象条件下，完成对地对空攻击的各类任务。

2 武器装备

"阵风"装备1门30毫米机炮，射速达2 500发/分。共

有 14 个挂架，有 5 个挂点用来加挂副油箱和重型武器，总的外挂能力在 9 吨以上。主要空战导弹为马特拉-BAe 动力公司的"米卡"，该导弹配备 AD4A 主动雷达，并已装备在法国空军的"幻影" 2000-5 等战斗机上。

英国"鹞"式战斗机

"鹞"式战斗机可谓是战斗机中的"杂技演员",它可以垂直起落、快速平飞、空中悬停及倒退飞行。主要用于执行空中近距离支援和战术侦察任务,也可用于空对空作战。

英国"鹞"式战斗机由英国霍克·西德尼航空公司开发。它是世界上第一种实用的可以垂直起落、快速平飞、空中悬停和倒退飞行的战斗机。"鹞"式战斗机的这些特技让其出尽了风头。"鹞"式战斗机的主要使命是海上巡逻、舰队防空、攻击海上目标、侦察和反潜等。"鹞"式战斗机于 20 世纪 70 年代初装备军队。

1 马岛神威

在 1982 年的英阿马岛之战中,"鹞"式战斗机首次参战执行截击任务,就在空战中击落了对方 16 架飞机,从而一举成名。

2 "鹞"式战斗机的心脏

"鹞"式战斗机的发动机是英国罗·罗公司制造的设计独特、性能优良的"飞马"103 发动机。发动机装在机身后部,两个进气口位于驾驶舱下机身的两侧，机身前后下部有4个对称的可向下向前旋转98.5°的发动机喷气口。这4个喷气口的旋转为"鹞"式战斗机提供了垂直起落、过渡飞行和常规飞行所需要的动力。

3 "鹞"之家族

"鹞"式战斗机共有4个系列，主要有对地攻击型、双座教练型及海军型和出口型。"海鹞"式战斗机属于海军型和出口型。它是由"鹞"GRMK 3型改进而来的多用途舰载垂直、短距起落战斗机，它比"鹞"式加高了座舱，更新了电子设备，安装了"兰狐"雷达和"飞马"104发动机。

中国歼-8 II 战斗机

20 世纪 70 年代后,各国战斗机不再追求"更高、更快",而是着眼飞机的中低空机动性能,完善机载电子设备、武器和火控系统,歼-8 II 便是在这种情况下应运而成的。

歼-8 II 战斗机是在歼-8 的基础上发展和生产的双重任务战斗机,该机于 1980 年 9 月开始研制。1984 年 5 月完成主要试验,并于同年 6 月 12 日首飞。该机在歼-8 的基础上对部分机体进行了重新设计,为给大口径雷达天线提供空间,采用两侧进气方式,增大了安装航空电子设备的空间,同时改进了机载电子设备、武器系统、动力系统和火电系统。

歼-8ⅡM比歼-8的技术水平有大幅度的提高，其突出的标志是：三位一体的射控系统、火控雷达、红外跟踪仪（IRST）和头盔瞄准器。除使用类似MIG-29M的ZHUK火控雷达之外，配套装备还包括GPS导航系统、武器控制电脑、雷达警告装置等。

歼-8ⅡD是歼-8Ⅱ系列的空中加油型。歼-8ⅡD可通过空中加油增加航程和续航时间，可执行远距离或留空时间长的作战任务。

中国歼-10 战斗机

　　歼-10 战斗机的横空出世，对中国航空事业而言是一个极大的进步，使得空军的空中打击能力大大加强，是我国综合国力增强的体现。

　　歼-10 战斗机是中国自行研制的第三代战斗机，也是中国最新一代单发动机多用途战斗机。歼-10 战斗机由成都飞机设计研究所设计，成都飞机工业公司制造。歼-10 战斗机的超视

距空战、近距格斗和空对地攻击能力很强，并且拥有空中对接加油能力。2003年开始，生产型歼-10陆续交付给中国空军，歼-10战斗机实现了中国军用飞机从第二代向第三代的历史性跨越。2007年2月，歼-10战斗机荣获国家科技进步特等奖。

歼-10战斗机为放宽静稳度设计，采用四余度数字式线传飞行控制系统，这是中国战斗机首次采用中国自主研发的飞行控制系统。歼-10的单座座舱采用了大屏幕抬头显示仪、液晶多功能平显，油门和推杆控制系统、先进的自动航行系统、数据存储系统。同时采用了高度综合化航空电子系统，此系统通过计算机综合处理、集中显示，可以将各任务系统的操作进行集中控制。歼-10所采用的雷达为多模"边扫描边跟踪"雷达。

歼-10战斗机的成功充分说明了中国飞机技术的跨跃性进步。

　　歼-10 战斗机在设计、技术及工艺上均有大量创新，突破并掌握了一批有重大影响的核心技术、关键技术和前沿技术。歼-10 装备的航电系统基本由国内研发生产。有单座及双座的改型型号。

　　歼-10 战斗机采用大三角翼加近耦合鸭式前翼气动布局，主翼与机身中部结合处采用翼身融合设计。在尾喷管前端机腹下加装了两片外斜腹鳍，配合垂直尾翼保持飞机大迎角飞行时的稳定性。四片减速板中两片位于机身上部主翼后方，其余两片位于机尾下部腹鳍之间。